探 索 未 知 　 改 变 世 界

科学大爆炸

从猎手到卫士

狗

U0186765

探索未知 改变世界

科学大爆炸

从猎手到卫士

狗

[美] 安迪·赫希 文图
施 展 译

贵州出版集团 贵州人民出版社

本书插图系原文插图

SCIENCE COMICS: DOGS: From Predator to Protector by Andy Hirsch
Copyright © 2017 by Andy Hirsch
Published by arrangement with First Second, an imprint of Roaring Brook Press, a division of Holtzbrinck Publishing
Holdings Limited Partnership
All rights reserved.
Simplified Chinese edition copyright © 2023 by Beijing Dandelion Children's Book House Co., Ltd.

版权合同登记号 图字：22-2022-041

审图号　GS京（2023）0279号

图书在版编目（CIP）数据

从猎手到卫士：狗 /（美）安迪·赫希文图 ；施展
译. — 贵阳 ：贵州人民出版社，2023.5（2024.4 重印）
（科学大爆炸）
ISBN 978-7-221-17558-8

Ⅰ. ①从… Ⅱ. ①安… ②施… Ⅲ. ①犬—少儿读物
Ⅳ.①Q959.838-49

中国版本图书馆CIP数据核字(2022)第253575号

KEXUE DA BAOZHA
CONG LIESHOU DAO WEISHI：GOU

科学大爆炸

从猎手到卫士：狗

[美]安迪·赫希 文图　施 展 译

出 版 人　朱文迅　策　　划　蒲公英童书馆
责任编辑　颜小鹂　姚远芳　装帧设计　王学元　曾　念　责任印制　郑海鸥

出版发行　贵州出版集团　贵州人民出版社
地　　址　贵阳市观山湖区中天会展城会展东路SOHO公寓A座（010-85805785　编辑部）
印　　刷　北京博海升彩色印刷有限公司（010-60594509）
版　　次　2023年5月第1版
印　　次　2024年4月第2次印刷
开　　本　700毫米×980毫米　1/16
印　　张　8
字　　数　50千字
书　　号　ISBN 978-7-221-17558-8
定　　价　39.80元

如发现图书印装质量问题，请与印刷厂联系调换；版权所有，翻版必究；未经许可，不得转载。
质量监督电话　010-85805785-8015

前言

　　过一会儿，你将会认识一只名叫鲁迪的狗，一个邋里邋遢的、友善的小家伙。它长着四条腿，喜欢玩球，热爱它的主人，擅长结识新的狗伙伴和人类朋友。更有趣的是，它还会穿越时光旅行呢。让鲁迪做你的导游，把你带入狗的进化之旅、遗传学之旅，最后进入狗的内心世界——一个大多数人都不了解的世界。

　　最后一句话让你感到吃惊了吧，毕竟，人们都认识狗！你肯定见过一只，或者很多只！很有可能你们家就有一只，甚至它就睡在你的床上。说不定跟你住的那只狗也叫"鲁迪"！养狗真不是什么新鲜事。也许你的父母、祖父母和曾祖父母也养过狗，小狗在他们的腿上蹭来蹭去，去农场帮忙，或者在早上舔醒他们。狗作为我们的伙伴，甚至是我们的同事，已经和我们人类一起生活了几千年。

　　但直到近些年，人类才真正开始了解狗。这一切都始于不同科学领域的研究人员把狗放在科学的显微镜下审视。研究人员并没有把狗看作一个我们已经熟知的物种，而是开始提出关于狗的科学的、可测试的一些问题：它们的祖先是谁？它们为什么吠叫？它们为什么要闻屁股？为什么我们会

把狗而不是狼当作宠物？很多科学家一直在努力寻找这些问题的答案，而鲁迪很愿意和你分享它们的秘密世界。

例如，美国有种老观念认为狗是披着狗皮的狼，它们想控制人类，需要被约束。虽然今天有些人仍然相信这个传说，但我们现在知道，今天的狗与狼的祖先是远亲，狗并没有试图控制我们，它们和人类之间的纷争大多数都是沟通不畅引起的——我们不知道它们为什么要这样做，它们是否会怀有恶意。科学家们解开了这些棘手的问题，让狗和人类可以一起融洽地生活。

也许你听说过，想让狗跟你熟络，最好在它们幼年时就把它们带回家。发表于21世纪的研究彻底颠覆了这个观点。因为狗曾与人类一起进化，所有年龄段的狗都准备好了与人类建立关系。而且成年狗学习能力很强，可以成为很好的家庭成员。

你出生在犬类科学发展的时代，对此，我们不得不承认，我们是有点嫉妒。哦，嗨！我们是朱莉和米娅，两位研究狗的行为、认知、学习和福利的研究人员。我们还研究了工作犬与人的关系。（唉，我们忙着呢！）和你的父母一样，我们成长在一个对狗充满爱，但对狗缺乏认知的时代。虽然"爱"对促进人和狗的关系很重要，但"爱"要与"理解"相结合更有效。了解狗想要什么，为什么那么做，有助于我们为狗提供快乐和健康的生活。正是"理解"帮助我们从狗的角度来看待它们，而不是把它们看成穿着狗皮大衣的微型人类，在相遇时做一些奇怪的事情。（是的，我们又在

谈论闻屁股，这是狗互相问候的正常方式。）希望大家喜欢
和鲁迪一起旅行——当然我们一定会的！

——朱莉·赫克特和米娅·科布
犬类学家
美国城市大学和澳大利亚莫纳什大学研究生中心

事实上，我们都是一个物种——家犬。
准确地说，是犬属狼种家犬亚种。“狼”就是这个家伙。
狼种家犬亚种！
多亏了一个叫卡尔·冯·林奈的人，生物得以根据共同特征进行分类和命名。
我们把研究生物命名和分类的学科称为分类学，将不同的生物进行分门别类。
就拿我来说吧。我是动物，还是植物？
我是左右对称的吗？
我妈妈给我哺乳吗？
我吃肉吗？
等等。
界：动物界
门：脊索动物门
纲：哺乳纲
目：食肉目
科：犬科
属：犬属
种：狼

在物种层面上，我的亲戚们遇到了一些棘手的问题。

最初，我们所有的狗都是犬种，这个种专属于我们。但属于什么亚种呢？

林奈认为，可以通过观察来判断属于哪个亚种。

这些是……

仓鸮

黄蓝金刚鹦鹉

原鸽

是吗？

这些是……？

看吧！

家犬

家犬

家犬

家犬

家犬

啪倒！

狗是地球上最多样化的物种……

我们搞砸了整个命名计划！

即便在技术层面……

同种的动物间是可以相互交配的，它们的孩子可以生孩子！

几乎整个犬科都可以互相交配！狼、狗，甚至土狼和豺！

想知道分类学有多疯狂吗?看看这只新几内亚歌唱犬。这种狗很稀有,长得像澳洲野犬。这个物种最初被命名为*Canis hallstromi*,以纪念一位热爱动物的澳大利亚慈善家。

如今,狗的粉丝和澳洲野犬的粉丝有些分歧。

这显然是犬科的一个亚种!我们应该把它重命名为*Canis familiars hallstromi*!

什么?!这是典型的澳洲野犬!它必须叫*Canis dingo hallstromi*!

胡说!澳洲野犬是一种狗,如果它属于澳洲野犬,那应该叫*Canis familiaris dingo hallstromi*!

哈,那如果你的宝贝狗是一种狼呢?那要叫*Canis lupus dingo hallstromi*吗?

最后尘埃落定……

澳洲野犬
Canis lupus dingo

今天,澳洲野犬和狗都被归为狼的亚种,而歌唱犬被归为一种澳洲野犬。

不管它叫啥,它的高音唱得相当好呢!

嗷呜!

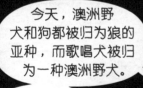

*本页拉丁学名未查证到权威中文译名,故保留原文。

哦!

汪!

你找到了一个球?想让我跟你玩球吗?

是!

是!

是不是?是不是?

是的!

是的!

是的!

好吧!

准备好喽!

接住!

嗖——

哼！这个笨蛋大概以为他可以驯服那只小狼，把它变成忠诚的狗。

抓一只狼是很难的事。狼的父母可是狼啊，它们可不喜欢自己的孩子被绑架。

这人倒是挺幸运的。

抚养狼就更难了。在狼出生的头三周，它们需要一直有人照顾，才能适应与人类相处。这对饥饿的狩猎采集者来说是很大的投入！

饲养狼几乎是不可能的。即使小狼学会了与人类相处，也会选择和狼在一起。只要一长大，它就会马上回到狼群。

即使它留下来，并且很温顺，那也不是狼的天性；它的温顺并不会遗传给它的孩子们，你需要重新驯服幼狼！

很不可思议，对吧？

从狼到狗，遗传性状是必不可少的。

反正那个史前笨蛋把我的球扔过来了，我来给你介绍个人吧。

11

这是孟德尔，遗传学之父！

不过，我们花了很长时间才意识到他的工作有多重要。1856年，他只是奥地利一个种豌豆的修道士。

孟德尔当时正在寻找一种方法，来预测有机体的哪些特征会代代相传。

他种了7年豌豆，仔细地追踪亲本植物和其后代之间的关系。

在种植了29 000株植物之后，他发现了遗传定律。

有了孟德尔的研究做基础，如今我们对基因遗传是如何运作的有了更全面的认识。

让我们从第一个词"遗传"开始。

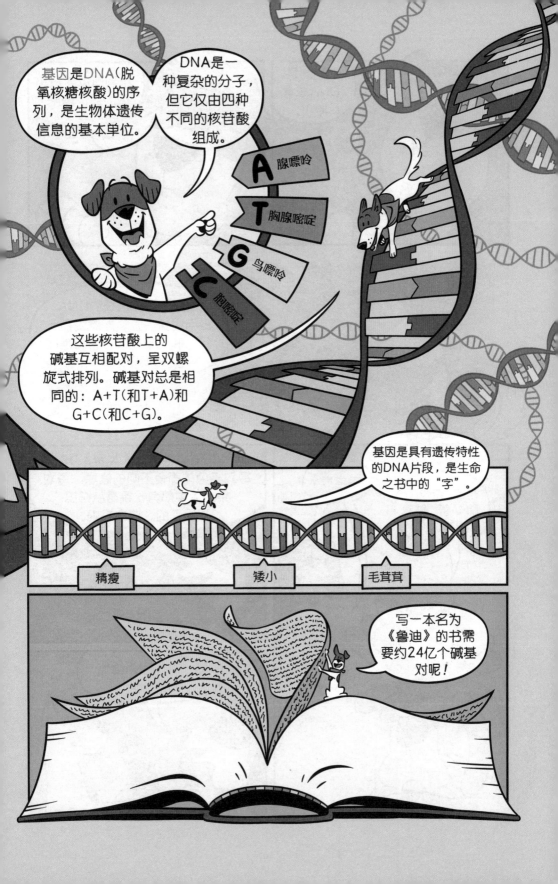

幸运的是，DNA非常微小。

小到可以装进身体的每个细胞！

在细胞里，长长的DNA链与组蛋白紧紧地缠绕在一起，形成染色体，它们是你从父母那里继承来的！

是的。奇怪的DNA管。谢了，爸爸妈妈。

不客气！

狗有39对染色体（人类有23对），每对染色体都有不同的信息。每对染色体中都有一条是从妈妈那里来的。谢谢妈妈。

另一条来自爸爸……谢谢爸爸。

它们放一起就是同源染色体！同源染色体的基因相似但又不同。它们以相同的顺序排列，但不一定表达相同的内容。

看看这些基因，它们可能是关于耳朵的，但一个代表"尖耳"，另一个代表"垂耳"。同一位置上不同形式的基因被称为等位基因。

等位基因在孟德尔遗传定律中非常重要，因为你继承的等位基因决定了你所表现出的特质！

就像我从父母身上各继承了一半的基因，我父母也从它们的父母身上各继承了一半的基因。

每新生一只小狗，就会有一些基因被遗传，另一些基因则没有。

你没有我的勇气，但至少你长得像我！

15

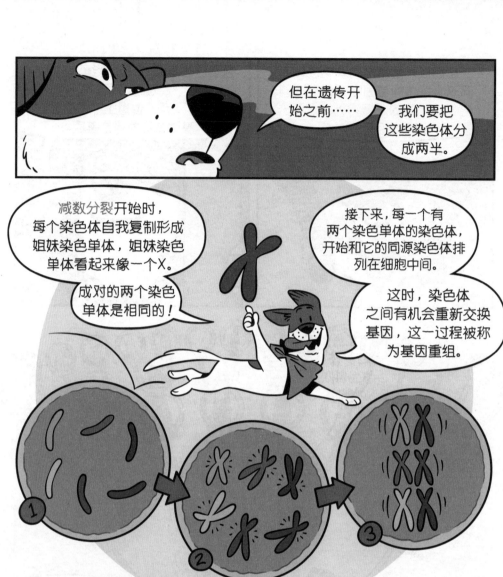

①基因的英文是"gene"，牛仔裤的英文是"jean"，两者同音，这里在玩谐音梗。

一般来说，显性等位基因会掩盖隐性等位基因的作用。

显性基因 隐性基因

我们可以绘制来自父母的显性和隐性等位基因遗传图，来预测它们的幼犬将具有什么性状。

这些可以用庞纳特方格来解释，它揭示了等位基因互相作用的方式！来，我展示给你看看！

我们首先在方格的列首分别写下爸爸的等位基因。大写字母代表显性等位基因，小写字母代表隐性等位基因。

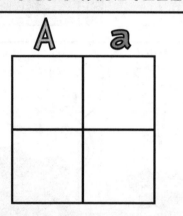

接下来，我们把每一栏顶部的字母复制到下面的每个方格里……

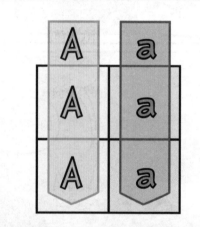

在左侧行首写上妈妈的等位基因，再把行首字母和列首字母组合进对应的方格中。显性等位基因总是排在前面。

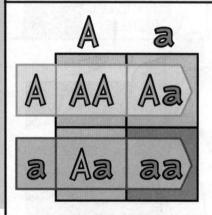

啊哈！

在这个例子里，父母的等位基因组合中"Aa"最多，所以它们的孩子拥有这种组合的概率更大！

这是一个具有完全显性性状的例子，但并不总是这样哦！

我们再说回我的短腿……

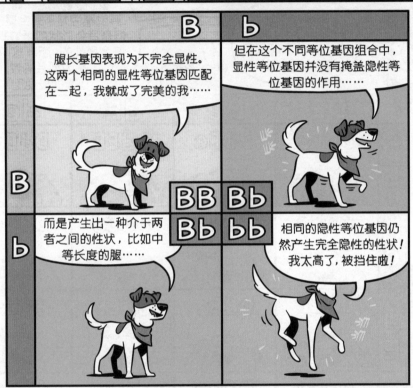

腿长基因表现为不完全显性。这两个相同的显性等位基因匹配在一起，我就成了完美的我……

但在这个不同等位基因组合中，显性等位基因并没有掩盖隐性等位基因的作用……

而是产生出一种介于两者之间的性状，比如中等长度的腿……

相同的隐性等位基因仍然产生完全隐性的性状！我太高了，被挡住啦！

等位基因甚至可以是共显性的，也就是两种性状都显现出来。你们的基因是各种等位基因相互作用的大而杂乱的混合体！

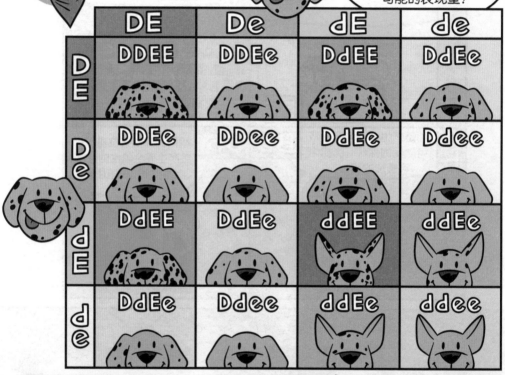

*图表中的D和d是耳朵形状的等位基因，E和e是斑点有无的等位基因。

进化指的是物种的性状随着时间产生的变化。它解释了数百万年间，诸如小古猫这样的史前哺乳动物是如何经过世代的变化，变成你了解和喜爱的犬属动物。

化石是保存在地层中的古代生物的遗迹和遗骸，我们可以从中找到进化的证据。

通过测量化石埋藏的深度，我们可以估算化石的年龄。对地层的研究叫作地层学。

地层学在相对年代测定方面是最有用的，它可以确定哪个化石年代更久远。

放射性鉴年法是基于样品中放射性元素的水平而测定年代的方法。

对类似化石的年代测定和详细测量有助于我们构建生物的进化图谱，并识别其过渡形态，也就是生物早期祖先和更现代的后代之间的形态。

生物的进化史可以在同源性中找到蛛丝马迹，因为共同的祖先会有共同的特征。

狗、鲸，还有人类前肢的骨骼很相似……为什么呢？

我们在3.85亿年前有一个共同的祖先：真掌鳍鱼！

击掌！

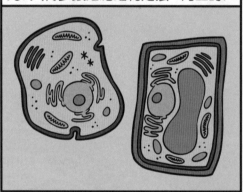

我们的细胞结构表明，如果追溯到很久以前，植物和动物也有一个共同的祖先！只有少数细胞结构是独一无二的！

"共同祖先"这个词很重要！我不是说人类曾经是黑猩猩……

好的。

那为什么还有黑猩猩?！

而是说它们都是从同一个物种进化来的，但这个物种已经不存在了。同样，狗和现代的狼都是从已经灭绝的狼类祖先进化而来的。

进化的过程通常很缓慢，有时甚至很奇怪，但不可否认，它非常精彩。

进化使脚趾变成蹄子……

使一对小孔变成眼睛……

使捕食者变成了玩伴。

但是进化是怎么发生的呢？

随着动物所处环境的变化，种群会经过世代的适应，来弥补不足或是利用新的机会。

只要有足够的时间，它们的形态就会发生天翻地覆的变化！

大多数时候，进化是一个非常缓慢的过程，如果环境变化太快……

进化可能就跟不上了！

如果存在这样一种环境，自然选择倾向于对人类友好的个体呢？

吃的！

我的球！

吃的！

球，我等下再拿你。

啊呜　啊呜

距今15 000年前的中石器时代，人类居住区的发展创造了一个新的环境……

垃圾场！

垃圾成堆！

废物成山！

臭气熏天！

虽然你看不上，但对我们犬科动物来说可是美味。

在自然选择的规则下，新环境会赋予生物新特征。垃圾场会给我们带来什么特征呢？

啊啊啊！！！

狼是非常警觉的食客，风吹草动就能吓跑它们。这也难怪，那个人穿的可是狼皮！

这些怕人的狼飞快逃走，它们跑得越远，消耗的能量就越多。

呼— 呼— 呼—

能量

这些狼不会再回来，除非很久以后，它们从新的食物来源地获得的能量变少。

嗷呜—

害怕人类会导致狼的能量摄入效率降低。

拥有不怕人（至少不会远远逃开）基因的狼最终会比其他狼拥有更多的能量，而更多的能量意味着……

咻

?

还记得雪地里的白狼吗？具有亲人（或至少不怕人）基因的狼也以类似的方式进化！

每一代，最亲人的狼寿命最长，狼患的数量也最多……

它们继承了父母身上对人类友好的基因……

因为大自然不断地选择一种在种群中越来越普遍的特征……

不久之后，就能获得一个不怕人类的自然存在的狼群！

如果你还叫它们"狼"的话……

贝利亚耶夫的实验包括培育狐狸的单一行为特征：亲人。当然，在早期，只要狐狸不怕研究人员，他就满足了……

或者只是虚张声势也行。

由研究人员来选择哪些狐狸可以繁殖，这似乎不属于自然选择。但请记住，贝利亚耶夫选择的是单一的、相同的特性，我们假设自然也会这样选择。

在最初的狐狸种群中，只有10%是无攻击性的。尽管它们仍然野性十足，接触时需要戴着很厚的手套，但这些狐狸仍被允许彼此交配。

像任何优秀的科学家一样，贝利亚耶夫也从随机选择的个体中培育了一个对照组，不管它们是否具有攻击性。这给了他一些东西来对比他的研究结果！

每个月，贝利亚耶夫和他的团队都会给狐狸做检测；每到繁殖季节，就让最亲人的狐狸繁殖。

等繁殖到第十代时，亲人狐狸的比例几乎增加了一倍。

随着越来越多的狐狸变得没有攻击性，贝利亚耶夫增加了选择压力，现在只培育那些愿意接近驯兽师的狐狸。

在不到20代的时间里，狐狸亲人的态度也发生了变化，它们见到研究人员时非常开心。这在野生环境中可能需要数千年甚至数百万年的时间才能实现。

狐狸会接受他们的食物，爬到他们身上和他们玩……甚至翻身让他们摸摸自己的肚子！

有些狐狸甚至对叫它们的名字有反应！

尤尼奥尔！

这只看起来像贝利亚耶夫最开始驯养的那只狐狸吗?

除了狐狸亲人态度的变化速度惊人之外,也许贝利亚耶夫最令人震惊的发现是,一个行为特征会带来一系列身体特征的改变!

单个基因可以影响多种特征,这就是基因多效性!在这种情况下,亲人的基因有耳朵下垂……

更短更卷曲的尾巴……

多种花色的皮毛等多种特征!

这些也不是随机突变,而是隐藏在狐狸DNA中的基因变异的结果。

不行!不行!为了这个球我可是千里跋涉!

一些科学家认为,这种亲人特质实际上与肾上腺素的分泌有关。肾上腺素是一种可以控制恐惧、压力和兴奋等反应的激素!

肾上腺素也和动物毛色有关,所以他们可能是对的!

毛色的变化也可能是缺乏选择压力的结果。当动物远离捕食者时,动物不适应野外环境的某种特性就会遗传下来。

哈哈!

当动物群体适应了由人类控制的环境时，驯化就发生了。

贝利亚耶夫的狐狸表现出的身体特征与其他驯化的动物相似！

比比猪和野猪！

或者奶牛和欧洲野牛！

哞。

你能想象出早期被驯服的狼的样子吗？一只亲人的狼，耷拉着耳朵，卷着尾巴，毛皮上带着斑点？

一只垂耳、卷尾有斑点、亲人的狼，有着适合高效觅食的身体？

太空中的地球示意图

就像其他特征一样，受到人们偏爱所获得的额外关注和食物足以帮助狗茁壮成长，并将相关基因传递下去。

人工选择包括人类控制动物的繁殖，并有目的地选择特定的身体特征或行为特征。

古代人类或许没有想那么远，但他们却做到了！

鲁迪
家犬亚种
2岁

·毕业于玛莎女士乖乖犬
　学校
·无室内闯祸记录

我们狗都是运动
健将，也许你并不这
样认为，因为——

我们短时
加速能力并
不出众……

但我们的耐力很好！
一旦距离增加……

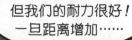

我们才不会输呢！
事实上，只要超过16千
米，狗就可能是陆地上
跑得最快的动物！

我们有敏锐的感官！狗的眼睛已经进化到即使光线很暗，也能发现移动的猎物。

人的视野最大能达到180°，但有些狗可以达到270°，甚至连头都不用动一下！

这实际上跟狗的外形有关。长鼻狗的眼睛间距很大，多在头部两侧。它们的视野就能达到270°。

短鼻狗的眼睛更加朝前，视野与人类相当。它们用更好的深度觉来弥补周边视觉的相对不足。

拥有深度觉，世界看起来更立体。双眼视野重叠时，大脑才能产生这种知觉。

所以当你闭上一只眼睛，

砰

你更容易撞到东西！

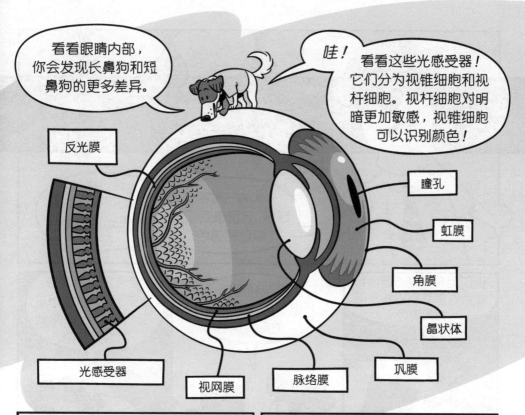

看看眼睛内部，你会发现长鼻狗和短鼻狗的更多差异。

哇！

看看这些光感受器！它们分为视锥细胞和视杆细胞。视杆细胞对明暗更加敏感，视锥细胞可以识别颜色！

反光膜

瞳孔

虹膜

角膜

晶状体

光感受器

视网膜

脉络膜

巩膜

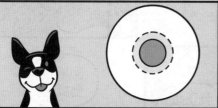

光感受器分布的方式影响着狗的视觉。短鼻狗的光感受器挤在中间，它们的视觉更像人类，有一个清晰的中央焦点。

长鼻狗的光感受器呈横向分布。它们看不清正前方的东西，但很善于发现旁边的东西。

哈！

这解释了为什么有些狗喜欢追逐飞盘……

哈欠！

而有些狗对飞盘却无动于衷！

51

人类有三种视锥细胞，分别感受红色、绿色和蓝色。

通过组合，它们可以探测到可见光谱的所有颜色！

识别到高强度的蓝色和绿色？你看到的将是明亮的青色！

蓝色和红色呢？哟！是热情的品红色！

混合光线与混合油漆不同。当你将这三个颜色混合，得到的会是白色！

……你说我搞混了？

噢。

我正想说……

狗能看到颜色！

但不是所有颜色。因为我们没有红色视锥细胞，而我们的"绿色"视锥细胞对黄色更敏感。

但我们的蓝色视锥细胞不错。

我们的世界由黄色、蓝色和深浅不一的灰色组成。这与人类的红绿色盲相似。

我分不清绿苹果和红苹果。

但一眼就能认出黄色的网球！

不管人类怎么想……有些事比能识别颜色更重要！

我们祖先的猎物在黄昏和黎明时最活跃，因此狗进化出了适应昏暗光线的眼睛。当光线不足时，即使是人类也很难看到颜色，所以我们的眼睛进化出了其他功能。

比如反光膜，这是我们眼睛后面额外的一层反光组织，可以将光线二次反射到光感受器上。

光感受器探测到的光线越多，就越容易在黑暗中看清物体。

咔嚓

这些反射光让我们的眼睛在照片中看起来很古怪！

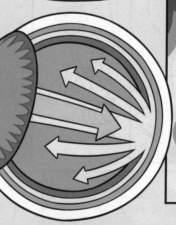

鲁迪，我不知道什么是照片，但后面还有人在排队呢！

什么？还想了解我的其他感官？是我毛茸茸的耳朵吗？

我们的耳郭会转动,这样可以更好地听到定向的声音。我们认真聆听时,你会看到我们的耳朵在动。

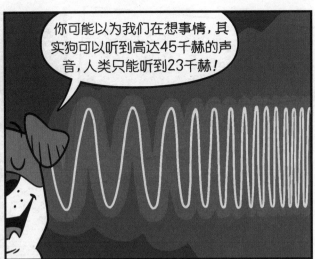

你可能以为我们在想事情,其实狗可以听到高达45千赫的声音,人类只能听到23千赫!

我们能听到一些电器的声音、啮齿动物的动静等。

噗!

我听不到!

噗!

这破玩意!

哎哟!

是狗哨声!

社交时，触觉对我们来说尤其重要。我们会相互蹭鼻子，相互闻和玩耍，还喜欢和主人亲热。

和你们一样，我们也不喜欢疼痛！

我知道我的尾巴很不错，但请不要拽它。

我们和人有着相同的味觉感受器，可以感受咸、苦、酸、鲜，还有我们的最爱：甜。我们有很多甜味感受器，或许是为了分辨果子和植物有没有成熟。

这个不怎么熟。

但还能吃。

吧唧吧唧

吧唧吧唧

鲁迪先生！

我再说一个！最重要的！

嗅觉之王，闻香大师，臭屁探测器：

鼻子！

嗅嗅

闻到了吗？我闻到了！

闻气味是鼻子的功能！

我在出生前就能闻到气味了。

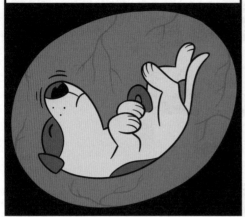

虽然视觉和听觉要到两周大时才能发挥作用，但我的"嗅探器"却一直在工作！

我从未停止嗅闻！当我闻气味时，鼻孔收缩吸入空气，一部分空气吸入肺部（为了生存！），另一部分进入嗅觉感受器（为了闻！），那里约有2亿—3亿个气味感受器，等待着捕捉吸入的分子。

当我呼气时，气体从肺部通过鼻子两侧的缝隙呼出，这样就不会吹走要嗅的气味。

这就是未雨绸缪！

当我认真嗅的时候，每分钟最多能嗅200次！

我们有很多捕捉额外气味的技巧，气味分子会沾在潮湿的鼻子上……

被长耳朵扇动……

甚至是被口水缠住……

但口水是从嘴里流出来的，又不是从鼻子！气味分子在那里有什么用？

……

想听秘密？

狗还有第二种感知气味的方法：用犁鼻器！

它位于鼻子和上颚之间的一小块骨头上，鼻腭管帮助捕获的那些气味分子找到这里。

感觉身体不舒服吗？我们可以通过体味的微小变化来判断你是不是病了。

哦，天哪。

识别某些慢性疾病，正是我们狗大夫的专长。凭借灵敏的鼻子，医疗警报犬甚至可以挽救生命。

看看这漂亮的小背心，我在工作时可别抚摸我哦！

服务犬

这些经过特殊训练的狗甚至能预先知道你会不舒服，它们会提醒你吃药或找一个安全的地方。

嗅嗅

快回帐篷吧！

我们的鼻子能嗅出糖尿病、一些癌症，还可以在一千多米外检测到癫痫和痉挛……这都是怎么做到的呢？

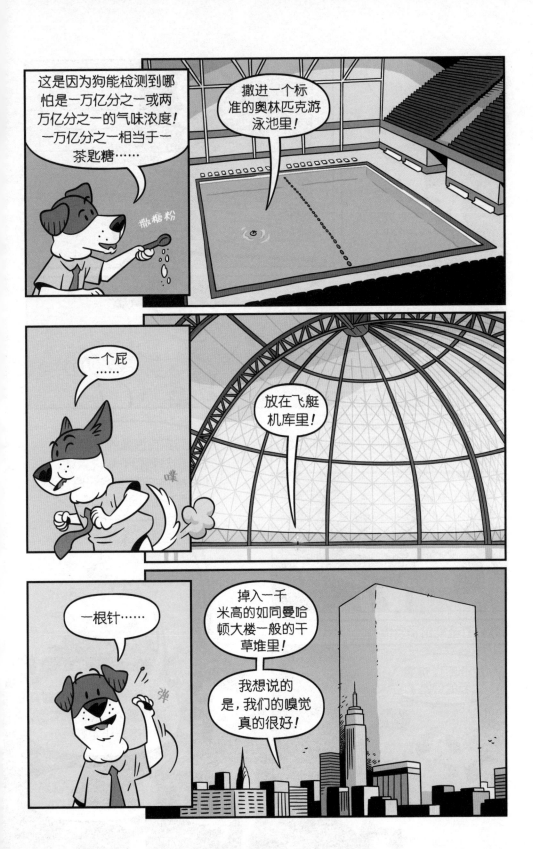

一个网球在……更大的空间里。

继续……

人际关系！我人际关系很好！

最早的狗是从最亲人的狼进化来的，对吧？和人类合作得最好的狗可能更受欢迎，对吧？

与人类合作融入了我们的基因！

理解指示的能力在动物界是不多见的。然而，即使是六周大的小狗也能理解人类的手势。

你妈妈在那里，小狗。

我们拥有很强的学习能力。虽然我们不能说人话，但我们中的有些狗知道几百甚至几千个单词！

我们甚至能给予反馈！

我知道了。你看上我的汉堡了。

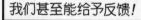

这是海豚，这是海豹，这是墨汁，这是甜甜圈，这是小龙虾……

上千个玩具里就是没有我的球……

最重要的是狗乐于与人们交流。狼会认为直接的眼神接触是一种威胁，我们狗却不同！如果我们遇到解决不了的问题……

呜！

让我捡？

我们知道该找谁。

我们全身心关注着人类，真的。如果我们遇到不熟悉的东西，我们会依据社交参照来决定我们的反应。如果你表现得冷静，我们可能也会保持冷静。

反之亦然！我们的反应既与我们的行为有关，也与别人的感受和表现有关。我们是一群敏感的小甜心。

呀呀呀呀呀！

呜呜呜呜呜呜

这并不是说我们不能靠自己解决问题。

你首先要记住，狗对世界的看法与人类不同。

你们人类有丰富的词汇来描述这个世界。

看，我是人类！啦啦啦啦啦！

待洗的衣服

乐福鞋

午餐

狗却不是。我们通过与事物的互动来定义事物。

能坐的

能啃的

啊呜！

狗就是狗！

能吃的！

活的

嘴巴

活的
+
好玩的

这些宽泛的类别以及它们的组合，被称为功能信号。对我们来说，它们主要取决于运动、气味，以及是否适合我们的嘴巴。

活的
+
好玩的
+
好吃的

如果你坚持,我们可以学习更具体的内容。我们理解单词的能力不如理解声音,但我们可以将新声音与新物体联系起来!

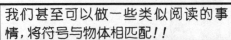

我们甚至可以做一些类似阅读的事情,将符号与物体相匹配!!

这个小把戏怎么样?

真棒!

一旦我们将某个形状与某样东西相关联,就很难改变这种印象。

是我呀,朋友!

如果我们看起来不喜欢你的新帽子,请原谅。我们只是认为你完全是另一个人了。

这可真毁了"狗很聪明"这句话,伙计。

我们被录用了！我们最初的工作之一就是当家畜护卫犬。这是一个相当基础的工作。

看羊群，吃东西，这就是我的生活！

能否成为一只好的护卫犬，取决于我们的饲养方式以及基因构成，也就是取决于后天培养和天性。

训练护卫犬的方法很简单，人类可能是偶然间发现的。这些护卫犬似乎能自我训练！

你所要做的就是，在它的社交期，也就是1—4个月大的时候，让它和其他动物一起长大。

让它和羊一起玩，一起吃，一起睡。

它长大后会把羊的气味和景象与家人联想在一起。它会像对待狗一样对待它们。

我爱你们……
呼—
呼—

它不认为自己是羊，但它可能认为羊是狗。

汪汪汪汪

汪汪汪

家畜护卫犬的工作更多的是与家畜培养友好的感情。当捕食者来袭的时候……

嗯?

最好的防御方法是大声狂吠让捕食者离开你的伙伴!捕食者要的是一顿简单的伙食,并不是打架。

嘿!给我滚开!

家畜护卫犬必须能和羊群一起长途迁徙,某些身体特征可以帮助它们表现得更好。比如大狗能用更少的步数走更长的路……

都跟紧了!

呼……我跟着呢!

能储存更多的脂肪来支撑它们度过困难时期……

你还有小零食吗?

再坚持一周……

能更好地在恶劣的环境中生存……

我们能找个旅馆么?

这没什么!

几代之后,不用人类选择,大自然会选择体形更大的狗。

啊,多美好的假期!

才怪!我不干了。

早期，狗的其他工作，如放牧和狩猎，需要特定的行为表现，也就是对气味和声音等不同刺激做出反应。

就像养一只护卫犬，让它与家畜友好相处一样，这些行为是需要培养的。

吠叫！

放牧！

猎物！

就像每次我看到球——

在这儿！

我的！

砰

嗷……如果我每次看到球就追着跑都得到奖励的话，我就会养成追球的习惯。

而我，就算每次都会因为追球撞到墙上，也还是会去追球。

狗对于刺激的反应也有很强的遗传因素,特别是刺激达到了狗的反应水平——反应阈限。

比如我对轻声的鸟叫没什么反应……

啾啾!

甚至更大声的鸟叫……

啾啾!

但一旦达到适合的程度……

啾啾!

汪

啾啾啾啾?!

呃,让狗工作出色,既需要天赋,也需要后天培养!

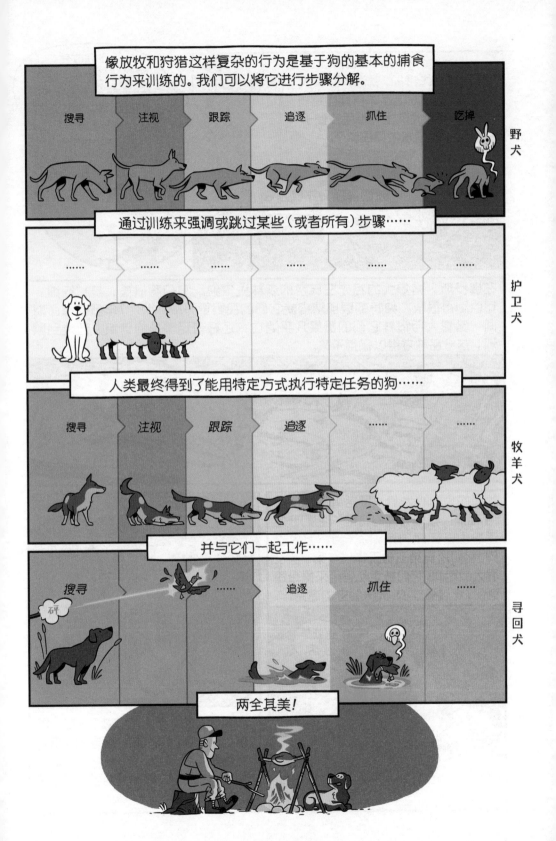

选择行为特征有时也意味着选择身体特征。就像体形较大的狗能更好地陪伴羊群翻山越岭一样，寻回犬隔水的厚毛皮便于它们在水中抓住鸭子。

咯咯！这我可做不来！

工作完成后，这些特征也会一直存在，如今许多工作犬的后代仍可以通过这些特征辨认！

在俄罗斯，猎狼犬的祖先在茂密的森林里猎狼。它们腿很长，身材纤细，可以跑得很快。独特的眼部结构使它们的视野更开阔。1917年俄国革命期间，猎狼犬与饲养它们的贵族几乎消亡，还好有足够多的猎狼犬迁徙到欧洲，这一品种才得以保存下来。

汪！汪！

壮硕的大白熊犬身上覆盖着厚厚的皮毛，如同"栩栩如生的雪堆"，它们非常适应山区环境，所以除了当护卫犬之外，它们还有第二份工作——第一次世界大战期间，它们被走私者用来携带违禁品，穿过孤立的、无人看守的道路。

嗅嗅 嗅嗅 嗅嗅 嗅嗅 嗅嗅

这就是生活。

早期的巴吉度猎犬身体紧贴地面，很方便追踪特定的气味，也更容易让猎人徒步追踪。"巴吉度"在法语中是"低"或"矮"的意思，欧洲各地至少有十几种矮狗。

雪橇犬是几个世纪以来非常特殊的特征选择的结果。

在早期，任何狗都可以胜任这份工作，但随着优秀狗的基因代代相传，最适合这份工作的身体特征也凸显出来。

雪橇犬体形要大，能够拉动货物，但不能太笨重，要能够大步前进，且不容易发热。

狗很擅长储存热量，但不擅长散热。虽然它们可以通过喘息给肺部和大脑降温，但与人类不同，它们只能通过脚上的小肉垫出汗。

有时，雪橇犬会吃一口雪来给自己降温！当然如果有西瓜，我也愿意吃。

它们的步态快速而稳定，一只脚总是在地面上。为了迈出大步，它们彼此要保持足够的距离，以便能够完全向前伸展前腿。

它们的骨盆应该向下倾斜，使后腿能缩在身体下面。

这需要它们作为一个配合默契的团队一起工作！

驾！驾！

我跑着呢！

有时人们喜欢的身体特征与表现无关。

金毛寻回犬的历史可以追溯到1865年，有一只狗叫……

努斯！

努斯是一窝黑色寻回犬中唯一的黄色小狗，主人可能是……

哈欠

布莱顿的鞋匠，一群罗马尼亚人，或是俄罗斯驯犬师……这不重要，因为狗比主人有名多啦！

'Ello.①

Sastimos.②

Привет.③

一位名叫特威茅斯的男爵见努斯的颜色不同寻常，将它买了下来，与一只名叫贝尔的水猎犬一起饲养。

它们生的四只黄色小狗与其他狗杂交，创造了现代金色品种的基础！

这都是因为特威茅斯男爵喜欢黄狗！

①②③分别在用英语、罗马尼亚语、俄语打招呼。

我刚刚提到了"品种"，对吗？

提了几次吧？

历史上，狗是根据它们的行为来分类的，每种类型的狗都有很大的生理差异。

品种狗是人们有意挑选出来的。与其他狗不同，品种狗的外观和举止都有独特的标准来衡量。

"让狮子狗小一点……"

"让它的眼睛又大又明亮……"

"让它的耳朵竖起时像战帆……"

"让它的鼻子翘翘的……"

"让它精力充沛……"

"让它胆小……"

"让它举止端庄………"

汪！汪！

那就是京巴犬！

清朝的慈禧太后在第一份书面的犬种标准（一本记载犬种基本特征的指南）中是这样描述它们的。

东亚人养狗的理念较为领先，养狗是为了陪伴而不是工作。京巴犬、沙皮狗、狮子狗、拉萨狮子狗……所有这些小型品种犬都可以追溯到几百年甚至几千年前！

然而，直到19世纪，纯种狗的概念才席卷世界。纯种是指只在原有品种内繁殖的品种。

在英国，中产阶级对社会地位和家庭血统缺乏安全感，不仅家禽和牲畜，家中非特定血统的狗也被淘汰了，而象征着高贵的纯种狗则保留了下来。

1859年，达尔文的《物种起源》出版，孟德尔的豌豆种植研究到一半，同时，第一次正式犬展在泰恩河畔的纽卡斯尔举行。这个展览上只展出了60只狗，所有竞技类犬种都是富人独有的。

四年之内，犬展吸引了1000多名参赛者，纯种狗成为新时尚。1873年，第一个养犬协会成立，以追踪狗的身份和血统。

啊！

为了满足人们极大的兴趣，越来越多的品种狗被培育出来。

育种者选择培育的品种特征越来越具体。毕竟，品种特征越明显、越独特，越能彰显狗主人的地位和财富。

有时会培育出像约克夏㹴那样的新品种。约克夏㹴最初是一种当地用来控制害兽的狗，约克夏㹴的祖先与无数其他㹴类犬杂交产下了一只名为哈德斯菲尔德·本的狗，这是迄今为止最伟大的"捕鼠王"。

后来狗的繁衍加入了更多人为喜好因素，哈德斯菲尔德·本的后代被培育得越来越小，以适合陪伴女士。令人费解的是，毛发长度的基因与体形大小的基因变化速度并不一致，现代约克夏㹴体形虽小，毛发长度却与大型犬相同。

不过，人们还需要训练它们改掉捉老鼠的习性！

狗的选育可能和时尚潮流一样容易受怀旧情绪的影响。查理士王小猎犬是17世纪英国国王查理二世的最爱，他是业余育种者。

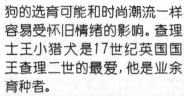

嘿嘿！

在19世纪晚期的维多利亚时代，流行体形小、脸胖嘟嘟的狗。人们通过选择性培育，得到了这样的小狗。

喜欢狗的人们对这些小狗并不热衷，在20世纪20年代，怀旧的育种者们培育了"骑士查理王猎犬"，试图重现查理二世时代的狗。

这两个品种都声称自己是品种标准，导致了激烈的血统之争，为了息事宁人，1945年简单地将它们划分为两个不同的品种。

为什么人们会选择某些特性繁育？英国斗牛犬的鼻子上翘，使它们在残酷的斗牛比赛中，用有力的下巴紧紧咬住目标时，它们还能呼吸……

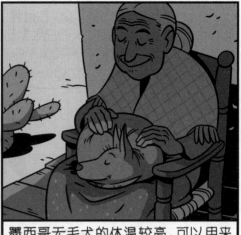

墨西哥无毛犬的体温较高，可以用来取暖，缓解关节疼痛……

短腿腊肠犬可以钻进洞里追猎物……

虽然法老猎犬长得像古埃及艺术作品中狗的样子，但不要被骗了，它们是较新的杂交品种！

一些狗的起源成谜。比如哈巴狗，它起源于中国还是俄罗斯？或是荷兰？

它是小型獒犬吗？还是皮毛光滑、长腿的京巴犬？

它的名字是什么意思？猴子？拳师？地精？①你到底是什么？

我就是我，不一样的烟火。

①哈巴狗的英文 "pug" 中还有猴子、拳师、地精等意思。

多年来，在世界各地，人们已经繁育了各种外形和体形的狗！比如……
阿芬平嘉犬
澳大利亚牧羊犬
中国冠毛犬
灵缇犬
贝吉格里芬凡丁犬
英国古代牧羊犬
葡萄牙水犬

如果一个种群与世隔绝，狗的新品种甚至可以自然产生。卡罗来纳犬的祖先在数千年前陪伴人类穿过了从亚洲到北美洲的地峡。

这些狗大多数和人类待在一起，也有一些变成野狗，形成了新的野生种群。

一些种群成功地存活了很多年，直到20世纪70年代，人们才在南卡罗来纳州的萨凡纳河深处重新发现了它们。

因为它们很独特，且只在自己的小种群内繁殖，卡罗来纳犬成为一个没有任何人类干扰的纯粹犬种！如今，它们甚至有一个专门的品种标准，并得到美国养犬俱乐部的认可。

也许还有什么狗在不为人知的地方呢！

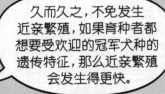

因为纯种狗需要一个封闭的、受控制的种群，所以该品种的狗都来自同一个小基因库。

久而久之，不免发生近亲繁殖，如果育种者都想要受欢迎的冠军犬种的遗传特征，那么近亲繁殖会发生得更快。

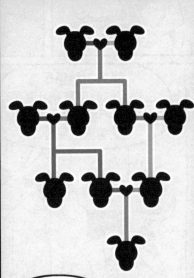

在一个开放的种群中，新一代从许多不同的个体那里继承基因，就有了丰富的遗传多样性！

在一个封闭的种群中，新一代只从少数个体那里继承基因，限制了遗传多样性。

本来会被自然淘汰或掩盖的有害基因代代积累。呀！

缺乏遗传多样性是一个大问题,它与育种标准密切相关,这常常使事情变得更复杂。

如果人们认为沙皮狗的皮肤应该松弛有皱纹,那么人工繁育通常会偏爱皱纹更松弛的沙皮狗。

最终的结果是,在封闭种群中繁殖出的狗,会成为不健康的、外形特征夸张的品种。

与19世纪的斗牛犬相比,你会发现21世纪的斗牛犬很多特征变得夸张,包括它们的朝天鼻和紧紧卷曲的尾巴!

同样的变化还有德国牧羊犬倾斜的后背……

牛头㹴楔形的脑袋,等等。

如今,纯种狗向我们展现了人工选择的力量和惊人的速度。

封闭的种群不一定要保持下去!将新的基因引入到种群中……

用不了多久就能让种群的基因库复原!

嘿!

它什么时候在这儿的?!

猛扑

这些测试是想通过狗对不同刺激的反应，来量化它们的个性特征，好在不同种群、不同品种之间进行个体的比较。

总之，人们测试了15 329只狗。

不过，我不记得最后一步是什么了……

哎呀！

它又跑了……

狗的一些个性特征可以根据它们的遗传组来判断！遗传来源相近的一组个体就是遗传组。

这一页要很大很大才能容纳狗的所有品种！

科学家们通过基因检测得出了这些群体，包括写出腺嘌呤、胸腺嘧啶、鸟嘌呤和胞嘧啶的排列来绘制狗的基因组。

由于纯种的基因库很小，所以它们的DNA非常相似。科学家们可以测量犬种DNA的代表性品种和实验犬的DNA之间的关键差异，从而了解这只狗的家谱。

比较基因检测和性格测试的结果可以揭示遗传组层面的一些普遍特征，比如獒类犬与㹴类犬往往是大胆的，牧羊犬与视觉型狩猎犬组通常是好社交和可训练的，古老犬种通常胆小又冷静……

这只巴仙吉犬一定很胆小吧？

即便如此，族群内部差异跟种群之间的差异一样多！平均值虽然有用，但对一个品种的性格的刻板印象往往是不准确的！

啊呜！

这表明，狗的性格虽然有基因的影响，但养狗方式更重要。

这是一个先天与后天的结合！

哦，我？我是杂交狗……

看不出我是混了哪些品种吧！

哈！

在美国,只有不到30%的宠物狗是被人繁育而来,据估计,全球超过75%的狗甚至不是宠物。

它们自然生长,通常是短毛,约69厘米高,约27斤重……

它们并没有多少改变!

偶尔也有些自然生长的狗带着宠物狗的基因,所以人们能在它们身上发现纯种狗的特征。

我是始祖!

通过观察狗之间的互动,你可以知道很多。你已经知道气味有多重要了吧,我们还有其他的交流方式!

咳咳!

汪汪

狗的叫声可不像看上去那么简单。我们有可改变的声道，能够改变音高、音调和节奏。

汪汪！

呜！

汪！

呜汪！

吠叫基本上都是为了引人注意。我们发现陌生人时，叫声低沉又洪亮。

呜！

孤独时，我们会高声抱怨。

啊啊！

短促又频繁的叫声可能表示我们想去玩！

汪！汪！汪！

你熟悉的可能是低吼。

呜——

这是挑衅的声音，但我们玩耍时也会低吼。高声吠叫可能是在嬉戏。

呜——

但低声吠叫代表警告。

呜——

要小心哦！

大多数狗都会发出高声或低声吠叫。如果我们受伤了或需要帮助——

汪汪
呜呜呜
嗷呜

会发出各种高声吠叫。

呜—
哈呜
哼哼

如果感到满足——

我们会低声吠叫。

和狼一样，有些狗——

嗷呜
嗷呜
叫

会通过号叫来寻找伙伴……

嗷呜

一旦大家一起号叫，我也会忍不住加入！嗷呜！

因为它太有感染力了！

嗷嗷嗷呜！

嗷呜
嗷呜呜
嗷呜
嗷呜
呜呜呜

除了声音，狗还通过肢体语言来交流。

相反的姿势有相反的意思，这就是对照。

狗可能会好奇地靠近你……

或畏惧地远离你。

笔直站立，保持警惕……

或躺在地上毫不在意。这些都是传达重要信息的简单方法！

别忘了尾巴！嘿，你能这样吗？

把时间分成分钟、小时、天和周是人类的习惯。而狗是用事件来区分时间。

散步时间，吃饭时间……

比这更长的时间，比如年，狗根本没概念！

有种说法认为狗1年的寿命相当于人类的7年。我不知道这个说法从哪儿来，也许是对比狗和人类的平均寿命得来的吧。但事实上，狗的寿命和衰老速度与人类不同。

小狗比人类婴儿长得快多了，差不多快十倍！

但变老时，我们的衰老速度只有人类的两倍。

小甜心16

如果人类的衰老是一条直线，那么狗的衰老就是一条弧线。

体形也是一个因素，体形大的狗弧线更陡，它们比体形小的狗衰老得更快。

你感觉的年龄 ↑

实际的年龄 →

107

一词汇表一

DNA
由四种脱氧核糖核苷酸经磷酸二酯键连接而成的长链聚合物,是遗传信息的载体。它决定了生物体的发育和功能。

表型
生物体可观察到的性状或特征,包括外表和行为。

纯种狗
一种只在其品种内繁殖的狗。

等位基因
在一对同源染色体的同一基因位点上的两个不同形式的基因。

分类学
关于生物分类、鉴定和命名的原理和方法的学科。

化石
保存至今的很久以前生物的遗体或痕迹等。

基因
脱氧核糖核酸(DNA)的一部分,携带有遗传信息。基因是遗传物质的最小功能单位。

基因型
一个生物体或细胞的遗传组成。

减数分裂

性细胞连续进行两次核分裂，而染色体只复制一次，由此产生四个单倍体细胞（配子），染色体数目减半的特殊细胞分裂方式。

进化

在选择压力下，生物群体的遗传组成随时间而发生优胜劣汰的改变，并导致相应的表型的改变。

犁鼻器

四足动物特有的一种探测信息素的化学感受器，开口于鼻腔或鼻腭管，与口腔相通，它的上皮有感觉细胞，可以辅助嗅觉。

配子

包含生物体一半遗传信息的细胞。在繁殖过程中，两个配子结合形成一个新的子代细胞。

品种

同一物种内具有一定数量规模的家养动物群体。同一品种内的个体通常有相同的起源，在主要性状上有稳定的一致性。

犬科动物

哺乳纲食肉目犬科成员的统称，狗、狼、郊狼和豺都是犬科动物。

染色体

遗传信息的载体，由DNA、RNA和蛋白质构成。人类的体细胞有23对染色体，狗有39对。

人工选择
人为选出优良个体或基因型作为繁殖群体,淘汰不良个体或基因型的选择方式。

深度觉
个体对同一物体的凹凸或不同物体的远近的反映。

适应
生物体的结构或功能在产生任何变化之后对环境条件能自行调整的过程。

物种
基本的分类单元。能相互繁殖、享有某个共同基因库的一群个体,并和其他物种存在生殖隔离。

选择压力
外界施与一个生物进化过程的压力,从而改变该过程的前进方向。

驯化
在人工选择的条件下,生物体的性状向人类所要求的方向变化的过程。

遗传
将基因从一代传递到下一代的过程。

自然选择
生物在演化过程中,更能适应环境而有利于生存和能留下更多后代的基因和个体的频率会增加,相反,则频率会减少。

嘿！

还有一件事。

仅在美国每年就有近400万只狗被送到动物收容所。那可是将近400万你们潜在的好朋友。它们都很棒，我知道，因为我曾是其中的一员。

如果你想领养一只狗，请考虑一下收容所、动物保护协会和其他救援组织。

如果你看上某种狗，有些组织甚至能专门为你繁育。

如果你想领养一只纯种小狗，那也很好！动物保护协会和其他组织可以提供有认证的小狗，信誉良好的育种者和你一样关心你未来的宠物。

不管你的狗来自哪里，爱它们，照顾它们，你会得到一生的朋友哦。

给你的小狗挠挠耳朵后面吧！